目 录

p.4、56 要点教程
p.52 刺绣线介绍
p.57 基础教程
p.61 钩针编织的基础

三色堇

1	2	3	4	5	6
p.6 / p.54	p.6 / p.54	p.7 / p.54	p.7 / p.54	p.7 / p.54	p.7 / p.54

郁金香

7	8	9	10	11		12
p.7 / p.54	p.7 / p.54	p.7 / p.54	p.7 / p.54	p.7 / p.54		p.8 / p.10

绣球花

13	14	15	16	17		18
p.8 / p.10	p.8 / p.59	p.9 / p.11	p.9 / p.60	p.9 / p.60		p.12 / p.14

玫瑰 I

19	20	21	22		23	24
p.12 / p.15	p.12 / p.15	p.13 / p.58	p.13 / p.58		p.16 / p.18	p.16 / p.18

25	26	27	28	29	30	31
p.17 / p.19	p.17 / p.19	p.17 / p.19	p.17 / p.19	p.17 / p.19	p.17 / p.19	p.17 / p.19

1

要点教程

刺绣线的使用方法

1 抽出线头。捏住左侧的线圈,用右手慢慢地抽出,可以很顺畅地将线抽出,不会打结。

2 25号刺绣线均由6股细线合成,本书中介绍的作品都是采用6股线(1根线)钩织的。

3 标签上有色号。为了方便补线,请将标签保留到最后。

1~11　p.6、7　三色堇的钩织方法

第1~3圈

第4圈

4针

1 参照符号图,钩织第1~3圈(右下图显示的是钩织完第1圈的图片)。按照符号图,钩织到第3圈结束后要钩1针锁针。

2 从花片的反面,将钩针插入步骤1的右下图中★处的2针锁针处,开始钩织第4圈。

3 在★处钩织"1针引拔针、4针锁针、1针引拔针",如右下图所示。

4 再一次在★处钩织"4针锁针、1针引拔针"。

第5圈

第6圈

13　p.8　郁金香的钩织方法

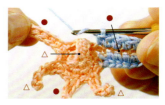
第1~3圈

5 在第4圈♡与♥的锁针环中钩织第5圈。

6 参照符号图钩织第6圈,三色堇就完成了(右下图)。各花片的配色参照p.54、55。

1 参照p.10的符号图,钩织有6片花瓣的中心部分。图中所示为钩织到第3圈时。

2 图中带●的每片花瓣,参照符号图钩织中长针。在钩织下一个带●的花瓣时,先将带△的那一片向前面压倒后再进行钩织。继续钩织带●的花瓣,共3片,这便是内侧花瓣。

3 内侧花瓣(●)钩织完成。

4 将剩下的3片带△的花瓣也根据同样要领,参照符号图钩织中长针与长针。这便是外侧花瓣。此时,将钩织好的内侧花瓣朝后面压倒,钩织外侧花瓣会更容易一点。

5 完成1片外侧花瓣。

6 参照符号图完成3片外侧花瓣(上图),完成后用手指整理花瓣的形状(右下图)。

15　p.9　郁金香花蕾的缝合方法

※ 为了方便读者理解，更换了缝合线的颜色进行解说。

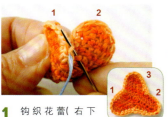   

1 钩织花蕾（右下图），将花瓣1重叠在花瓣2上（从下侧花瓣短针根部由下往上穿过缝衣针，再从上侧花瓣短针后面半针穿出）。

2 重复步骤1括号里面的动作，为了更容易理解，观察线的走向，缝合时留了少许缝合线露出来。

3 在实际操作时为了不露出缝合的痕迹，要将线拉紧缝合。另外两处的缝合是花瓣2在上、花瓣3在下和花瓣3在上、花瓣1在下，要领相同。

4 在缝合第3处时，途中要塞入填充棉，缝合后花蕾就完成了（右下图）。

18~22　p.12、13　绣球花的钩织方法

※ 以作品18的4朵花为例进行解说。
※ 因为钩织方法较为复杂，请参照符号图钩织。

 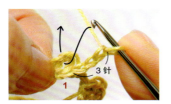  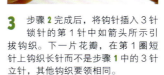 

1 钩3针锁针的立针，继续钩3针锁针，在第3针立针上引拔（3针锁针的狗牙拉针）。☆处为小环的中心。

2 钩3针锁针，如图中箭头所示将钩针插入步骤1中的☆处，钩3次"1针短针、2针锁针"，再钩织1针短针。

3 步骤2完成后，将钩针插入3针锁针的第1针中如箭头所示引拔钩织。下一片花瓣，在第1圈短针上钩织长针而不是步骤1中的3针立针，其他钩织要领相同。

4 重复步骤3，钩织好4朵花的花托。

5 在花托（1~4）上面用指定颜色的线，参照符号图钩织花瓣。钩织好后断线，花就完成了。第3圈的钩织就是指每朵花的钩织。

6 4朵花都完成了。

25~33　p.17　玫瑰的钩织方法

1 在蓝色花瓣的短针上用黄色线钩1针锁针的立针，接着钩4针锁针，参照图中箭头所示插入钩针，从反面挑起第1圈的短针钩织1针短针。右图即为钩织后的效果。

2 整段挑起第4圈的4针锁针环钩织出3片花瓣。

胸针的安装方法

3 翻到反面，在第4圈的指定位置（参照符号图）整段挑针并钩织"1针短针、4针锁针"，再重复5次。图为完成后的花的反面。

4 钩织完第7圈后，第8圈是从花的反面钩织，挑起第4圈的4针锁针或者短针进行钩织。接着钩织完第9圈，花瓣便完成了（右上图）。

1 将手缝针穿上线后，在胸针的一个孔中上下各缝2针后断线。

2 将胸针上的两个孔都上下缝好（右上图）。在实际操作中缝线颜色尽量要与花托的线一样。

三色堇

制作方法:p.54　设计:冈 真里子

用黄色、紫色、白色等各种各样的颜色组合成让人愉悦的三色堇。
色彩浓也好，淡也罢，选择自己喜欢的颜色，
组合出属于自己的花束。

Pansy

1

2

色彩变化

郁金香

制作方法：12、13 / p.10　14 / p.59　15 / p.11　16、17 / p.60
设计：今村曜子

能让人想起温暖春日的郁金香，
让出行也不知不觉变得更轻松欢快了。
也可以添上木茼蒿等其他的花……

12

13

14

Tulip

12

p.8

准备物品
线：25号刺绣线/绿色系(320)…1.5束，黄色系(745)、(972)…各1束，绿色系(369)…0.5束；段染线/绿色渐变系(4045)…1.5束
其他：胸针/暗灰色(a-517)…1个，填充棉…少许
针：蕾丝针0号

底座 320…2个
底座的钩织方法参照p.64，钩织到第6圈即可。

叶子 4045…4片

2cm

4cm

编织起点
锁针（10针）起针

花蕾　a、b…各2朵

花蕾的配色表

	a	b
第3圈（—）	745	972
第1、2圈（—）	369	

花蕾的组合方法

填充棉

2.5cm

※背面相对做成椭圆形缝合，顶部留一个小开口，塞入填充棉再继续缝合(参照p.5)。

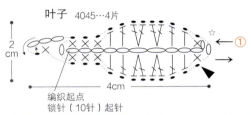

叶子的组合方法

※将4片叶子以☆处为中心，分别将相邻的2片叶子缝合。

组合方法

正面　　　　　反面
花蕾a　　　③缝上胸针
花蕾b　　　底座
　　　　　（正面）

6.5cm
7cm

① 将2个底座背面相对对齐缝合
② 在已经缝合好的叶子（正面）上将花蕾重叠缝上去后，再将底座缝在叶子上

13

p.8
要点教程：p.4

准备物品
线：25号刺绣线/粉色系(963)、(3716)…各2束，绿色系(369)、(3346)…各1束
其他：胸针/暗灰色(9-11-1)…1个，花用铁丝(26号)…20cm
针：蕾丝针0号

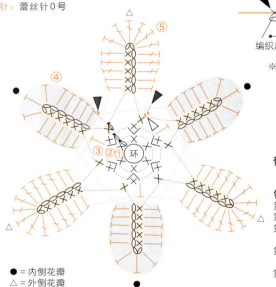

● = 内侧花瓣
△ = 外侧花瓣

叶子 369

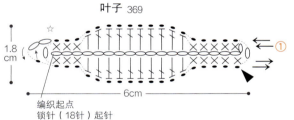

1.8cm

6cm

编织起点
锁针（18针）起针

茎 3346…a、b各1条

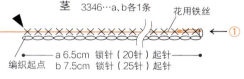

花用铁丝

编织起点
a 6.5cm 锁针（20针）起针
b 7.5cm 锁针（25针）起针

※绕着花用铁丝钩织短针
（参照p.57茎B的钩织方法）。

郁金香 963 }各1朵
3716

钩织方法 （参照p.4）
第1圈…环形起针，钩织6针短针。
第2圈…在第1圈的1针短针内钩织2针短针。
第3圈（—）…将第2圈短针间隔1针挑针，重复钩织6次"1针短针、7针锁针、5针短针"。
第4圈（—）…钩织3片内侧花瓣(●)，重复钩织3次"13针中长针"后，断线。
第5圈（—）…接线，钩织3片外侧花瓣(△)，重复钩织3次"2针中长针、12针长针、3针中长针"。

郁金香的组合方法

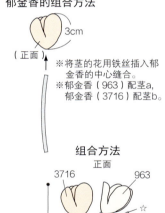

3cm
（正面）

※将茎的花用铁丝插入郁金香的中心缝合。
※郁金香(963)配茎a，郁金香(3716)配茎b。

组合方法

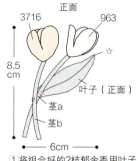

正面
3716　963
8.5cm
叶子（正面）
茎a
茎b
6cm

① 将组合好的2枝郁金香用叶子包起来做成花束缝合固定

反面

② 在叶子与茎的上面缝上胸针即可

15

p.9
要点教程：p.5

准备物品

线：25号刺绣线/红色系(350)…2束，
绿色系(320)… 1.5束，黄色系(745)、
绿色系(3345)…各1束
其他：胸针/暗灰色(a-517)… 1个，
填充棉…少许
针：蕾丝针0号

底座a、叶子

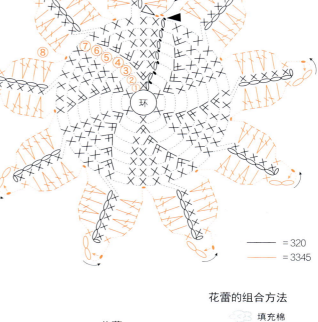

─ = 320
─ = 3345

底座b　320

底b座的钩织方法参照p.64，钩织到第6圈即可。

※底座a与底座b背面相对重合，
在第6圈的位置缝合。

郁金香　2朵

● = 内侧花瓣
△ = 外侧花瓣

郁金香的配色表

圈数	色号
第7圈	745
第6圈	350
第5圈	745
第1~4圈	350

花蕾

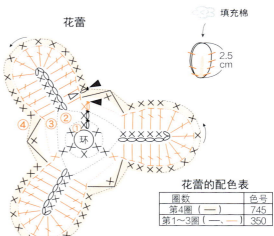

花蕾的组合方法

填充棉

2.5cm

花蕾的配色表

圈数	色号
第4圈（─）	745
第1~3圈（─、─）	350

钩织方法（参照p.4）

第1圈…环形起针，钩织6针短针。
第2圈…在第1圈的1针短针内钩织2针短针。
第3圈（─）…钩1针锁针的立针后，将第2圈短针间隔1针挑针，重复钩织6次"1针短针、7针锁针、5针短针"。
第4、5圈…钩织3片内侧花瓣(●)。
─、─ 重复钩织3次"13针中长针"，再重复钩织3次"11针短针、2针短针并1针"，断线。
第6、7圈…接线，钩织3片外侧花瓣(△)。钩1针锁针后，重复钩织3次"2针中长针、12针长针、3针中长针"。钩织4针短针后，接着钩织5次"1针短针、2针锁针"及"5针短针、2针短针并1针"；共重复3次。

组合方法

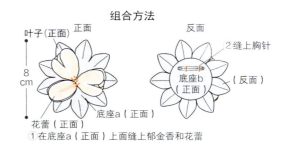

① 在底座a（正面）上面缝上郁金香和花蕾

绣球花

制作方法：18/p.14　19、20/p.15　21、22/p.58
设计：远藤博美

在梅雨季节，充满活力的绣球花美丽绽放。
和在路旁偶尔看到的，让人愉悦的小花相搭配，
在正中心加以醒目的绣球花的设计，为作品增添了些许淡雅素净。

21

22

Hydrangea

18

p.12
要点教程:p.5

准备物品
线：25号刺绣线/茶色系(739)…2.5束，原白色(3865)、
绿色系(469)…各2束，茶色系(712)…1束
其他：胸针/银色(9-11-2)…1个
针：蕾丝针0号

4朵花的钩织方法（参照p.5）

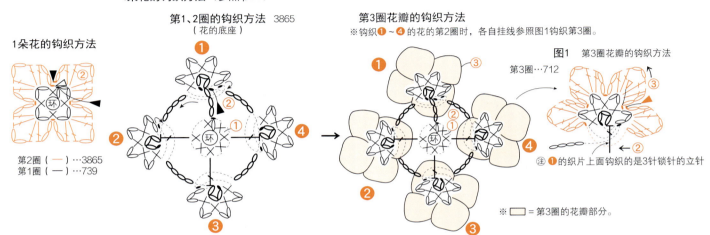

1朵花的钩织方法
第2圈（─）…3865
第1圈（─）…739

第1、2圈的钩织方法 3865（花的底座）

第3圈花瓣的钩织方法
※钩织❶~❹的花的第2圈时，各自挂线参照图1钩织第3圈。

图1 第3圈花瓣的钩织方法
第3圈…712
注❶的织片上面钩织的是3针锁针的立针
※ □ = 第3圈的花瓣部分。

7朵花的钩织方法

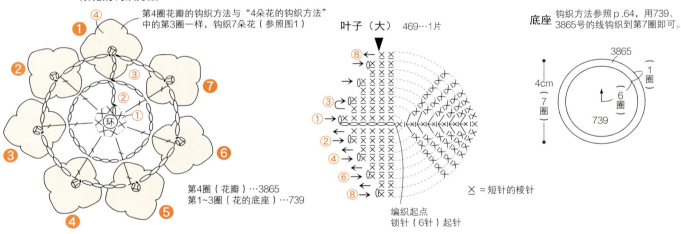

第4圈花瓣的钩织方法与"4朵花的钩织方法"中的第3圈一样，钩织7朵花（参照图1）

第4圈（花瓣）…3865
第1~3圈（花的底座）…739

叶子（大） 469…1片
× = 短针的棱针
编织起点
锁针（6针）起针

底座 钩织方法参照p.64，用739、3865号的线钩织到第7圈即可。
4cm / 7圈 / 3865 / 6圈 / 739 / 1圈

花的组合方法

正面

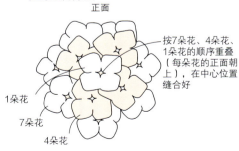

1朵花
7朵花
4朵花

按7朵花、4朵花、1朵花的顺序重叠（每朵花的正面朝上，在中心位置缝合好

组合方法

反面

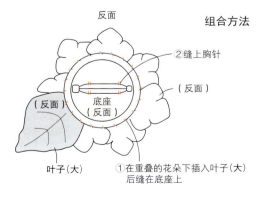

②缝上胸针
（反面）
底座 反面
叶子（大）
①在重叠的花朵下插入叶子（大）后缝在底座上

正面

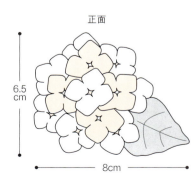

6.5cm × 8cm

19

p.12
要点教程：p.5

准备物品

线：25号刺绣线/绿色系(988)…3束，粉色系(3687)、(3688)…各1束；段染线/粉色渐变系(4110)、蓝色渐变系(4220)…各1束
其他：胸针/暗灰色(9-11-2)…1个
针：蕾丝针0号

1朵花、4朵花 各2个
※与p.14中作品18的钩织方法一样。

1朵花、4朵花的配色表

	1朵花		4朵花	
	a	b	A	B
第3圈			3687	3688
第2圈	3687	3688	4110	4220
第1圈	4110	4220	4110	4220

叶子（小） 988…2片

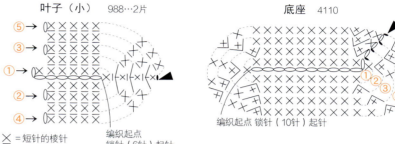

× = 短针的棱针

编织起点 锁针（6针）起针

底座 4110

编织起点 锁针（10针）起针

组合方法

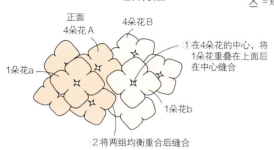

正面
4朵花A
4朵花B
1朵花a
1朵花b

① 在4朵花的中心，将1朵花重叠在上面后在中心缝合
② 将两组均衡重合后缝合

组合方法

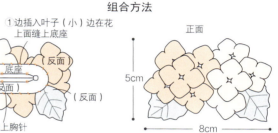

反面
底座（反面）
① 边插入叶子（小）边在花上面缝上底座
② 缝上胸针

正面
5cm × 8cm

20

p.12
要点教程：p.5

准备物品

线：25号刺绣线/蓝色系(159)、绿色系(3348)…各1束，蓝色系(341)、(3747)、(3756)…各1束，原白色(3865)…1束，段染线/蓝色渐变系(4220)…1束
其他：胸针/银色(9-11-8)…1个
针：蕾丝针0号

1朵花、4朵花、7朵花 各1个
※与p.14中作品18的钩织方法一样，参照配色表钩织。

1朵花、4朵花、7朵花的配色表

	1朵花	4朵花	7朵花	
第4圈			5朵	159
			2朵	4220
第3圈		341	3756	
第2圈	341	3756	3756	
第1圈	3756			

10朵花的钩织方法

第5圈花瓣的钩织方法与作品18的第3圈（参照p.14图1）一样

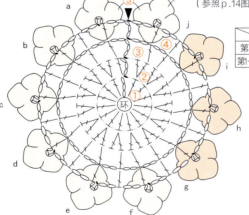

第5圈花瓣的配色表

	a	b	c	d	e	f	g	h	i	j
第5圈	3747						4220			3747
第1~4圈	3348									

叶子 3865…2片　3756…1片　与p.14中作品18的钩织方法一样

组合方法

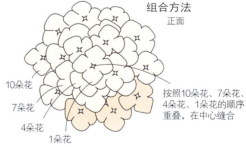

正面
10朵花
7朵花
4朵花
1朵花

按照10朵花、7朵花、4朵花、1朵花的顺序重叠，在中心缝合

反面
叶子（反面）
① 在10朵花上缝上叶子
② 缝上胸针

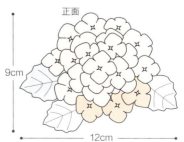

正面
9cm × 12cm

玫瑰 I

制作方法: 23、24/p.18 25~33/p.19
设计: 今村曜子

优雅绽放的玫瑰搭配可爱的花蕾。
盛开的玫瑰哪怕只在身上戴一朵,
也当之无愧地成为搭配上的主角。
正式场合也可适用。

Rose

23

24

色彩变化

25　　　　　　　26　　　　　　　27

28　　　　　　　29　　　　　　　30

31　　　　　　　32　　　　　　　33

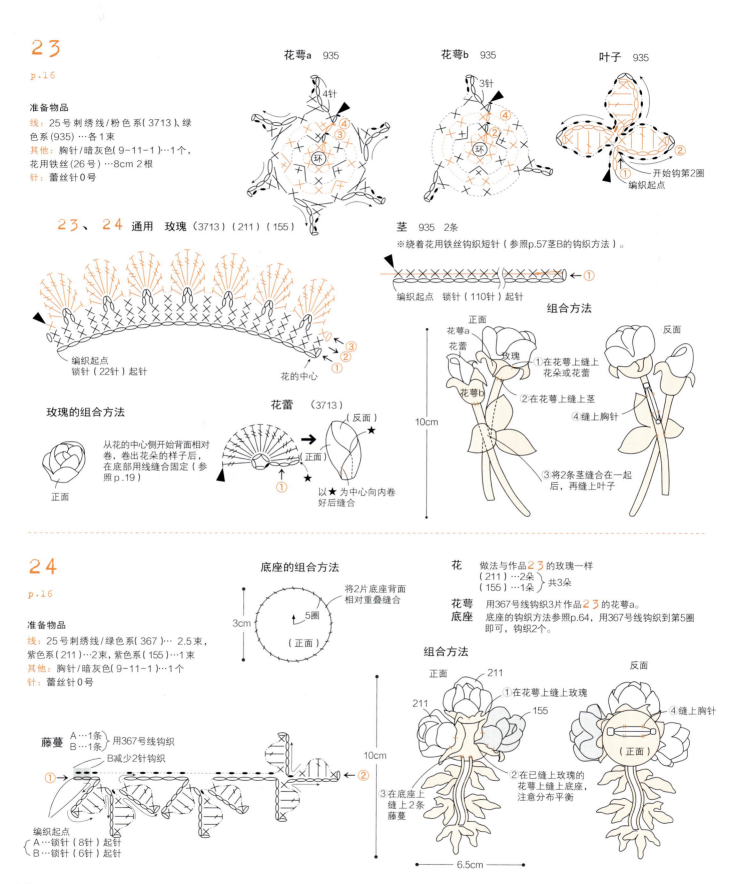

25~33

p.17
要点教程:p.5

准备物品
线:25号刺绣线
25 绿色系(772)、(890)…各1束,绿色系(164)、(320)…各0.5束
26 黄色系(3078)、绿色系(989)…各1束,黄色系(726)、(727)…各0.5束
27 紫色系(211)、绿色系(500)…各1束,紫色系(209)、(552)…各0.5束
28 橙色系(722)、绿色系(937)…各1束,橙色系(721)、(900)…各0.5束
29 红色系(353)、绿色系(935)…各1束,红色系(351)、(352)…各0.5束
30 原白色(3865)、绿色系(469)…各1束,茶色系(712)、(437)…各0.5束
31 粉色系(963)、绿色系(368)…各1束,粉色系(602)、(604)…各0.5束
32 蓝色系(157)、绿色系(367)…各1束,蓝色系(792)、(793)…各0.5束
33 粉色系(3832)、绿色系(3345)…各1束,红色系(814)、(816)…各0.5束
其他:胸针/银色(9-11-2)…各1个
针:蕾丝针0号

花 ※作品25~33通用,颜色参照配色表。

底座 ※钩织方法参照p.64。
线的颜色参照配色表,作品25~33全都各钩织1个。

花的钩织要点(参照p.5)
第1~3圈…参照符号图钩织。
第4圈…3处短针(×),一处在第2圈的短针上,另外两处在第1圈的短针上,从织片的反面插入钩针钩织。
第5圈…参照符号图钩织。
第6圈…6处短针(×),都从织片反面整段挑起第4圈的4针锁针环钩织。
第7圈…参照符号图钩织。
第8圈…6处短针(×),与第6圈的钩织要领一样,在第4圈的4针锁针环或者短针处挑线钩织。
第9圈…参照符号图钩织。

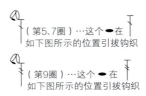

叶子 ※作品25~33通用,各1片,颜色参照配色表。

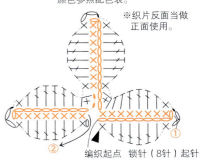

组合方法

25~33 花、底座、叶子配色表

		25	26	27	28	29	30	31	32	33
花	第8、9圈	772	3078	211	722	353	3865	963	157	3832
	第6、7圈	164	727	209	721	352	712	604	793	816
	第1~5圈	320	726	552	900	351	437	602	792	814
底座		890	989	500	937	935	469	368	367	3345
叶子										

玫瑰的组合方法

※对作品23、24进行解说。
※将织片卷成玫瑰,织片钩织方法可能不同,但组合的方法是通用的。

1 参照符号图钩织出指定片数的花瓣。

2 从花的中心开始用手指将织片正面朝外卷,注意控制好花瓣分布的平衡。

3 在卷好的玫瑰的底部用手缝针缝合固定。

4 完成的样子。

玫瑰 II

制作方法：34/p.22　35~44/p.23
设计：远藤博美

轻轻绽放的、美丽的玫瑰，
哪怕是瞄一眼也能感受到满满的少女心。
花蕾也很可爱。

Rose

34

35

色彩变化

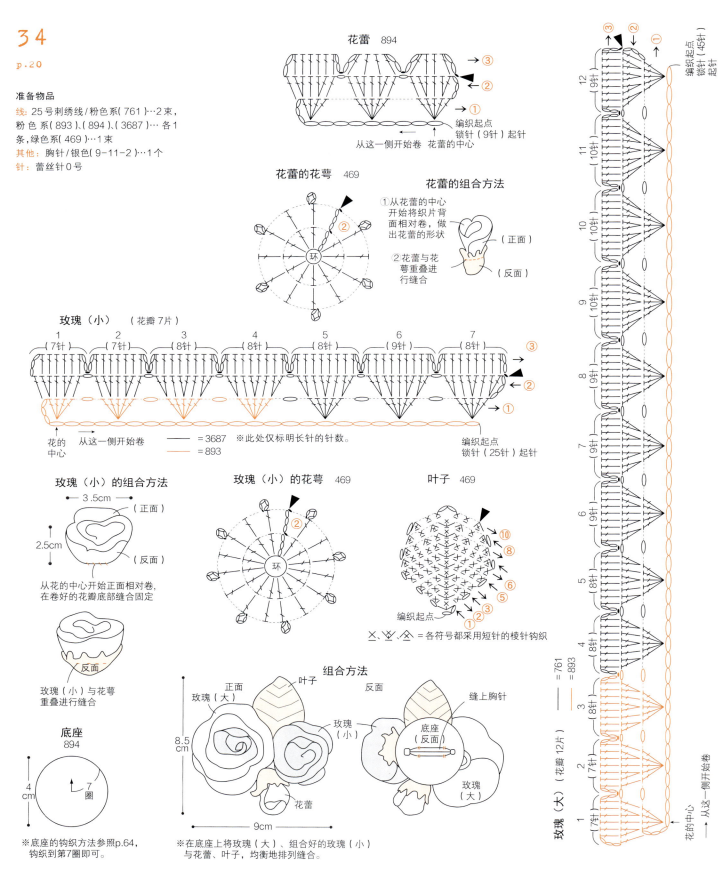

35

p.20

准备物品

线：25号刺绣线/茶色系（712）、原白色（3865）…各2束，红色系（224）、黄色系（745）、粉色系（3713）…各1束，绿色系（469）、（3348）…各0.5束

其他：胸针/银色（9-11-2）…1个

针：蕾丝针0号

玫瑰（大） 1朵
与p.22中作品34的玫瑰（大）钩织方法一样。
1～3片的花瓣用712号线钩织，
剩下的9片花瓣用3865号线钩织。

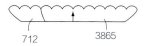

玫瑰（小） 224、745、3713…各1朵
叶子 469、3348…各1片
与p.22中作品34的钩织方法一样。

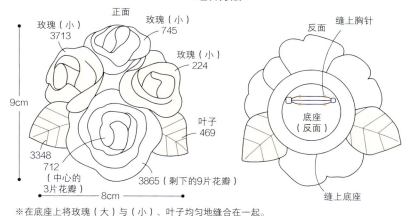

36～44

p.21

准备物品

线：25号刺绣线

36 蓝色系（3747）、紫色系（554）…各1束，绿色系（988）、（904）…各0.5束

37 红色系（326）、（3722）…各1束，绿色系（469）、（904）…各0.5束

38 红色系（223）、（224）…各1束，绿色系（367）、（472）…各0.5束

39 茶色系（712）、粉色系（3713）…各1束，绿色系（895）、（988）…各0.5束

40 粉色系（3689）、紫色系（316）…各1束，绿色系（469）、（904）、（988）…各0.5束

41 紫色系（553）、蓝色系（3840）…各1束，绿色系（367）、（469）…各0.5束

42 粉色系（3706）…1束，绿色系（469）、（904）、（988）…各0.5束；段染线/粉色渐变系（4110）…1束

43 红色系（223）、（777）…各1束，绿色系（469）、（895）…各0.5束

44 黄色系（743）、（744）…各1束，绿色系（469）、（904）、（988）…各0.5束

其他：胸针/银色（9-11-2）…各1个

针：蕾丝针0号

※玫瑰(小)、玫瑰（小）的花萼，花蕾、花蕾的花萼，叶子的钩织方法与p.22中作品34方法一样。

※各部件的配色请参照下表。

36～44 的配色表

		36	37	38	39	40	41	42	43	44
小花	第2、3圈	3747	326	224	712	3689	553	4110	223	744
	第1圈	554	3722	223	3713	316	3840	3706	777	743
花萼	小花	904	469	472	988	988	367	904	469	988
	花蕾		904			904		988		904
叶子		988	469	367	895	469	469	469	895	469

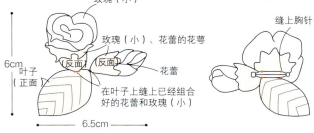

大波斯菊

制作方法：45~47/p.26　48~50/p.27
设计：河合真弓

因花形似樱花，因此也被称为秋樱。
一朵花就不用说了，数朵花可以排列成花环、
小花束等各种各样的布局。

45

46

47

Cosmos

48

49

50

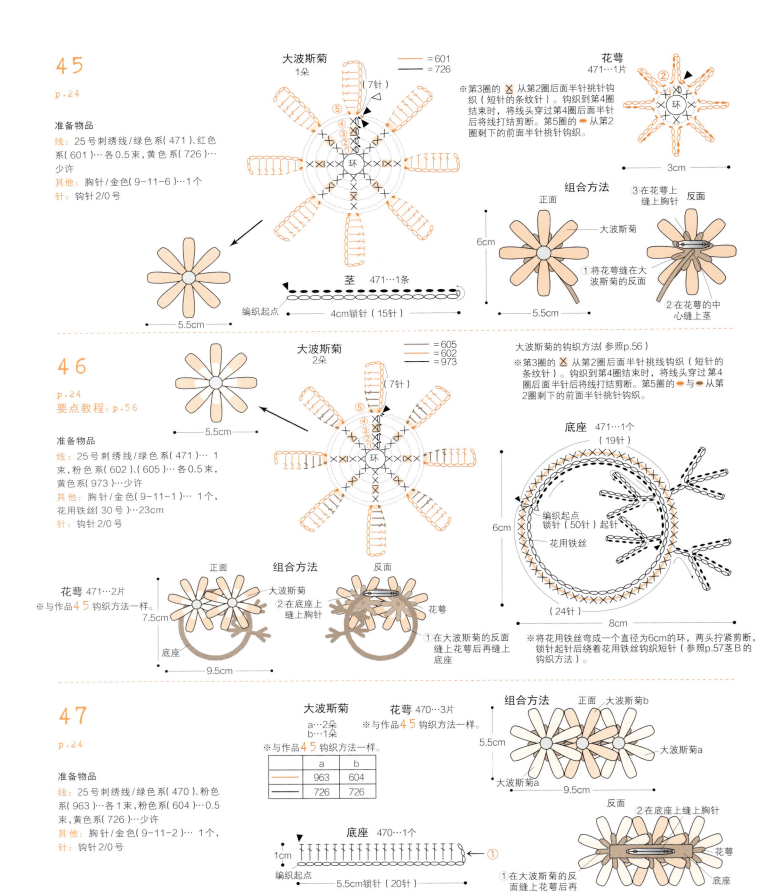

48
p.25

准备物品
线：25号刺绣线/绿色系(936)…2.5束，黄色系(972)…1束，橙色系(740)、(741)…各1束，黄色系(973)…少许
其他：胸针/金色(9-11-1)…1个，
针：钩针2/0号

花萼 936…3片
※与p.26中作品45的钩织方法一样。

大波斯菊
a、b、c…各1朵
※与p.26中作品45的钩织方法一样。

	a	b	c
	740	741	972
		973	

底座 936…1个
钩织方法参照p.64，钩织到第6圈即可。

花蕾 740、741、972…各1片

花蕾的花萼 936…3片

花蕾的组合方法
将花蕾放入花萼中进行缝合

叶子 936…5片

组合方法

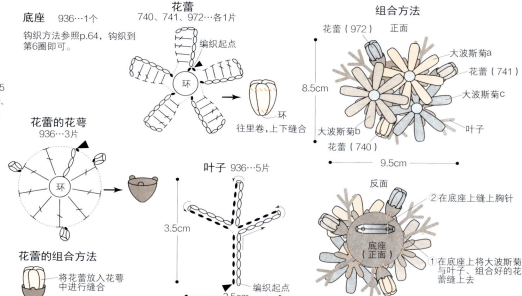

49
p.25

准备物品
线：25号刺绣线/绿色系(469)…1束，原白色(3865)…0.5束，黄色系(444)…少许
其他：胸针/金色(9-11-2)…1个，花用铁丝(30号)…13cm
针：钩针2/0号

大波斯菊1朵
※与p.26中作品45的钩织方法一样。
— = 3865
— = 444

花萼 469…1片
※与p.26中作品45的钩织方法一样。

铁丝环的做法
将花用铁丝的一端弯曲后拧成环

茎 469…1条
※绕着花用铁丝钩织短针（参照p.57茎B的钩织方法）。

组合方法
①将花萼缝在大波斯菊的反面
②在花萼的中心缝上茎
③在茎上缝上胸针

50
p.25

准备物品
线：25号刺绣线/绿色系(934)…1.5束，橙色系(900)…1束，红色系(304)、橙色系(741)…各0.5束
其他：胸针/金色(9-11-6)…1个
针：钩针2/0号

底座 934…1个
钩织方法参照p.64，钩织到第5圈即可。

花萼 934…2片
※与p.26中作品45的钩织方法一样。

花蕾的花萼 934…1片
※与本页中作品48的钩织方法一样。

大波斯菊
a、b…各1朵
※与p.26中作品45的钩织方法一样。

	a	b
	900	304
	741	

茎 934（罗纹绳）
a…2条
b…1条
a 6cm(30针)
b 5cm(25针)
※罗纹绳的钩织方法参照p.64。

部件的组合方法

花蕾 900…1片
※与本页中作品48的钩织方法一样。

① 大波斯菊a / 花萼 / 茎a
② 大波斯菊b / 花萼 / 茎a
③ 花蕾
①将花萼缝在大波斯菊的反面
②在花萼的中心缝上茎
①将花蕾放入花萼中并缝好
②在花萼的中心缝上茎

组合方法

将茎用934号线绑好，缝在底座上(反面)

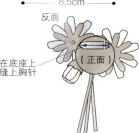
在底座上缝上胸针

银莲花

制作方法: 51/p.30　52~61/p.31
设计: 镰田惠美子

花蕊色调引人注目,
含苞待放的花朵更加迷人。
单朵银莲花的胸花给人以不经意的感觉。

51

Anemone

52

色彩变化

53　　　54　　　55

56　　　57　　　58

59　　　60　　　61

51

p.28

准备物品

线：25号刺绣线/绿色系(3346)…1.5束，红色系(349)…1束，白色(BLANC)、蓝色系(939)…各0.5束；段染线/粉色渐变系(4200)…1束

其他：胸针/金色(9-11-8)…1个

针：蕾丝针0号

底座 3346

钩织方法参照p.64，钩织到第6圈即可。

叶子 3346…2片

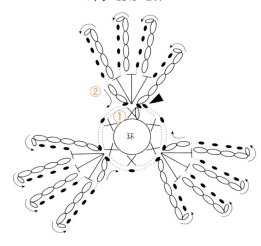

银莲花 a、b…各1朵

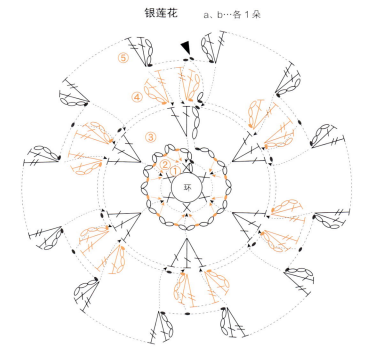

钩织方法

第2圈中的引拔针（●）是从第1圈的前面半针挑针钩织的。
第3圈是将第2圈向前面压倒，从第1圈剩下的后面半针中挑针钩织的。
第4圈是从第3圈的前面半针挑针钩织的。
第5圈是将第4圈向前面压倒，从第3圈剩下的后面半针中挑针钩织的。

银莲花的配色表

	a	b
第5圈	349	4200
第4圈		
第3圈	BLANC	
第2圈		
第1圈	939	

组合方法

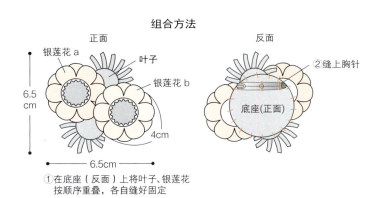

①在底座（反面）上将叶子、银莲花按顺序重叠，各自缝好固定

52
p.28

准备物品

线：25号刺绣线/绿色系(3346)…2.5束，蓝色系(796)、(3838)…各1束，白色(BLANC)…1束，蓝色系(336)、(823)…各0.5束，段染线/蓝色渐变系(4235)…1束，蓝色渐变系(4220)…0.5束

其他：胸针/金色(9-11-8)…1个

针：蕾丝针0号

银莲花　a、b、c…各1朵
钩织方法参照p.30中作品 51。

银莲花的配色表

	a	b	c
第5圈	BLANC	796	3838
第4圈	4220	4235	4235
第3圈	4220	4235	4235
第2圈	336	823	336
第1圈	336	823	336

花蕾的配色表

圈数	色号
第2~4圈(—)	4220
第1圈(—)	3346

花蕾　2片

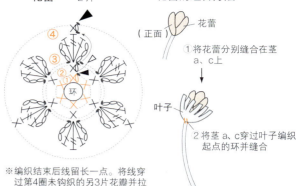

※编织结束后线留长一点。将线穿过第4圈未钩织的另3片花瓣并拉紧即可。

花蕾的组合方法

①将花蕾分别缝合在茎a、c上

②将茎a、c穿过叶子编织起点的线环并缝合

底座　3346
钩织方法参照p.64，钩织到第8圈即可。

叶子　3346…2片
钩织方法与p.30中作品 51 一样。
※将起针用的线环的线稍微拉紧留些空隙。

茎　3346…5条

编织起点
a 5.5cm 锁针(15针)…2条
b 7cm 锁针(20针)…1条
c 8.5cm 锁针(25针)…2条

银莲花的组合方法

※银莲花a配茎a，银莲花b配茎b，银莲花c配茎c，在银莲花的反面中心将茎分别缝合固定。

组合方法

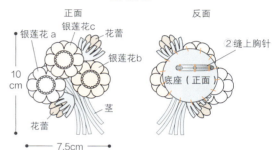

①在底座(反面)上将茎、花蕾、银莲花按顺序重叠，分别缝合固定

53~61
p.29

准备物品

线：25号刺绣线

53　紫色系(917)…2束，紫色系(154)…0.5束

54　白色(BLANC)…1束，蓝色系(336)…0.5束；段染线/蓝色渐变系(4220)…1束

55　白色(BLANC)…1束，蓝色系(939)…0.5束；段染线/粉色渐变系(4200)…1束

56　蓝色系(3838)…1束，蓝色系(336)…0.5束；段染线/蓝色渐变系(4235)…1束

57　红色系(349)、白色(BLANC)…各1束，蓝色系(939)…0.5束

58　蓝色系(796)…1束，蓝色系(823)…0.5束；段染线/蓝色渐变系(4235)…1束

59　粉色系(3608)…1束，紫色系(154)…0.5束；段染线/蓝色渐变系(4215)…1束

60　原白色(3865)…1束，绿色系(3819)…0.5束；段染线/黄色渐变系(4080)…1束

61　橙色系(741)…1束，绿色系(166)…0.5束；段染线/黄色渐变系(4080)…1束

其他：胸针/暗灰色(α-517)…各1个

针：蕾丝针0号

银莲花的作品编号

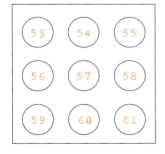

银莲花
同 p.30 中作品 51 的钩织方法一样。

53~61 银莲花与底座的配色表

		53	54	55	56	57	58	59	60	61
银莲花	第5圈	917	BLANC	4200	3838	349	796	3608	3865	741
	第4圈									
	第3圈		4220	4235	4235	4235	4235	4215	4080	4080
	第2圈									
	第1圈	154	336	939	336	939	823	154	3819	166
底座		917	4220	BLANC	4235	BLANC	4235	4215	4080	4080

底座

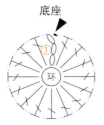

组合方法

正面　　反面
　　　　底座(正面)
　　　　2 缝上胸针

←4cm→

①在底座(反面)上将银莲花重叠后缝合固定

果树

制作方法： 62~64/p.34　设计：冈 真里子

逼真的剪影是可爱的果树。
绿色的果树上，挂满了新鲜的苹果、桃子、橘子。
你喜欢哪种水果呢？

Tree of fruit

小鸟与小花

制作方法： 65~67/ p.35　设计：冈 真里子

可爱的小鸟被花香吸引而来。
鲜艳的小花与拥有生动表情的小鸟
组合成让人心动的画面。

small bird and floret

62~64

p.32

准备物品

线：25号刺绣线

62　绿色系（3345）…1束，红色系（304）、褐色系（780）…各0.5束

63　绿色系（937）…1束，褐色系（3828）…0.5束，粉色系（761）、（961）、（963）、绿色系（3819）…各少许

64　绿色系（987）…1束，褐色系（869）、绿色系（471）…各0.5束，黄色系（743）、（972）…各少许

其他：胸针/暗灰色（9-11-2）…各1个

针：蕾丝针0号

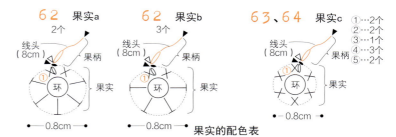

果实的配色表

	果实a	果实b	果实c-①	果实c-②	果实c-③	果实c-④	果实c-⑤
（果柄）	780	780	3819	3819	3819	471	471
（果实）	304	304	961	761	963	972	743

62~64 树的配色表

	62	63	64
叶子	3345	937	987
树干	780	3828	869

① 从叶子的部分开始钩织。
第1圈将钩针从起针锁针的后面1根线与里山挑针钩织。
参照符号图钩织第2圈。■的部分钩织2片。
在钩织到第2片的最后，将织片正面朝外2片织片重叠，2片织片一起挑针钩织外围第3圈（—）。

② 接下来钩织树干，钩织第1圈时包裹着2片叶子起针钩织。
3针锁针起针钩织。钩织完第4圈断线，再接线在树干周围钩织1圈（—）。

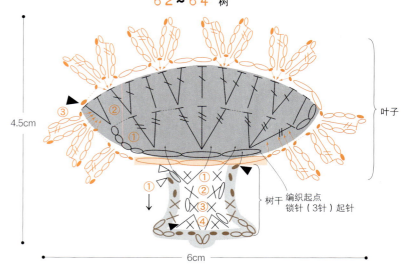

62　正面的组合方法

63　正面的组合方法

64　正面的组合方法

62~64　反面的组合方法

※在叶子部分将果实均匀排列并用果柄上的线缝合固定。

果实的安装方法

① 将果柄上留下的线头从1中穿入，从2中穿出，再从叶子3的线圈中穿入
② 带☆的线头从果实中穿过，带★的线头从树上穿过，处理好线头

65~67　p.33　小鸟的组合方法

1 将2片织片正面朝外重合在一起。

2 接线后参照符号图钩织短针，途中用相同的线将2片织片连起来。

3 最后钩织尾巴，完成。

65~67

p.33
要点教程：p.34

准备物品

线：25号刺绣线

65　蓝色系(813)…1束,蓝色系(3756)、绿色系(469)…各0.5束,紫色系(210)、(211)…少许,黑色(310)、蓝色系(340)、黄色(445)…各少许

66　茶色系(712)…1束,绿色系(935)、粉色系(353)…各0.5束,黑色(310)…少许,黄色系(725)、(742)…各少许,茶色系(3828)…少许

67　红色系(815)…1束,粉色系(819)、(962)、(3803)…各0.5束,黑色(310)…少许,绿色系(472)…少许；段染/粉色渐变系(4110)…少许

其他　65　胸针/暗灰色(α-517)…1个,花用铁丝(26号)…36cm
66　胸针/暗灰色(α-517)…1个,花用铁丝(26号)…16.5cm
67　胸针/暗灰色(9-11-2)…1个

针：蕾丝针0号

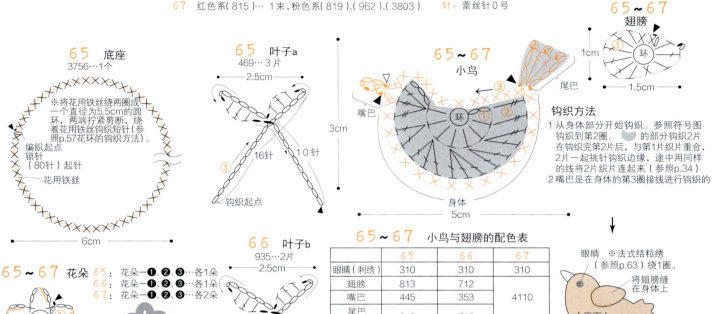

65~67 小鸟与翅膀的配色表

	65	66	67
眼睛（刺绣）	310	310	310
翅膀	813	712	
嘴巴	445	353	4110
尾巴	813	712	
身体			815

65~67 花的配色表

	65	66		67
花蕊（刺绣）	445	353	725	472
花朵-③	340		353	3803
花朵-②	211	742		962
花朵-①	210	725		819

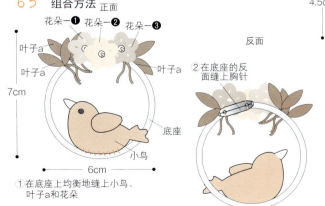

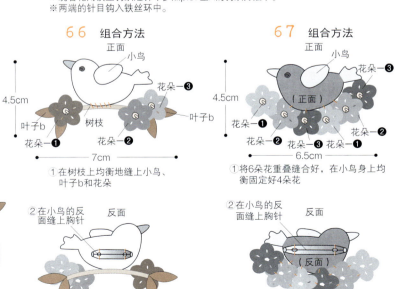

草 莓

制作方法:68、69/p.38 70~72/p.39
设计:藤田智子

在粉色系、红色系、段染线钩织的果实之上又配以盛开的花朵和引人注目的草莓花束。
花环和草莓的设计,充满了少女情怀……

68

69

Strawberry

68

p.36
要点教程：p.56

准备物品

线：25号刺绣线/红色系(817)、绿色系(986)…各1.5束，绿色系(904)…1束

其他：胸针/银色(9-11-1)…1个，填充棉…少许

针：蕾丝针0号

草莓 2个

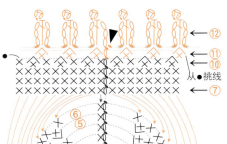

草莓的配色表

圈数	色号
第11、12圈(—)	904
第1～10圈(—)	817

※第12圈中的(●)是从第11圈前面半针挑针钩织的。

草莓的组合方法

将茎插入草莓的中心缝合

3.2cm (正面)

※从钩织第11圈开始塞入填充棉。钩织完最后一圈后断线，线头留长点，再翻到反面，将线头从第11圈剩下的半针中穿过去拉紧打结（参照p.56）。

底座 986

底座的钩织方法参照p.64，钩织到第4圈即可。

茎 904…2条

编织起点
a 2cm 锁针(8针)
b 3cm 锁针(12针) 起针

叶子 986…3片

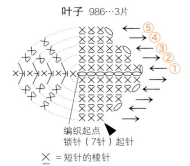

编织起点
锁针(7针)起针

✕ = 短针的棱针

组合方法

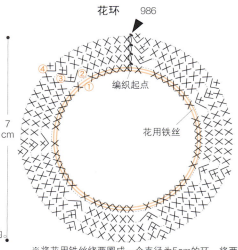

①将3片叶子缝合在一起
③缝上胸针
②在底座（反面）上分别缝上草莓和叶子

9.5cm
正面　反面
茎a 茎b 底座（正面）
7.5cm

69

p.36
要点教程：p.56

准备物品

线：25号刺绣线/粉色渐变系(107)、绿色系(986)、原白色(3865)…各2束，黄色系(445)、(3823)…各1束，绿色系(701)…1束

其他：胸针/银色(9-11-2)…1个，花用铁丝(30号)…2根，填充棉…少许

针：蕾丝针0号

草莓 3个

草莓的钩织方法、组合方法参照作品 **68**

叶子 986…3片

叶子的钩织方法与作品 **68** 一样

花 3朵

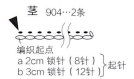

3.5cm

※第4圈的(✕)是从第3圈的前面半针挑针钩织的。
第5圈的(✕)是从第3圈剩下的后面半针挑针钩织的。

花朵的配色表

圈数	色号
第5、6圈	3865
第4圈	445
第1～3圈	3823

草莓的配色表

圈数	色号
第11、12圈	701
第1～10圈	107

花环 986

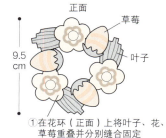

7cm

编织起点
花用铁丝

※将花用铁丝绕两圈成一个直径为5cm的环，将两端拧紧剪断，绕着花用铁丝钩织短针（参照p.57花环的钩织方法）。

组合方法

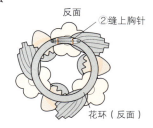

正面　　　　　　反面
花　草莓　叶子　②缝上胸针
9.5cm
①在花环（正面）上将叶子、花、草莓重叠并分别缝合固定
花环（反面）

70

p.37

准备物品

线：25号刺绣线/原白色(3865)…2束，绿色系(904)…1.5束，黄色系(445)、(3823)…各1束
其他：胸针/银色(9-11-1)…1个
针：蕾丝针0号

花朵 2朵
花朵的钩织方法参照p.38的作品 **69**

叶子 904…3片
叶子的钩织方法参照p.38的作品 **68**

底座 904
底座的钩织方法参照p.64，钩织到第5圈即可。

花朵的配色表

圈数	色号
第5、6圈	3865
第4圈	445
第1～3圈	3823

组合方法

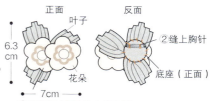

① 在底座（反面）上将叶子、花朵重叠并分别缝合固定
② 缝上胸针

71

p.37
要点教程：p.56

准备物品

线：25号刺绣线/绿色系(906)…4束，原白色(3865)…2束，绿色系(701)…1.5束，粉色系(602)、(893)…各1束，红色系(3801)…1束，黄色系(445)、(3823)…各1束
其他：胸针/银色(9-11-2)…1个，花用铁丝(30号)…2根，填充棉…少许
针：蕾丝针0号

草莓 3个
草莓的钩织方法、组合方法参照p.38的作品 **68**

花朵 2朵
花朵的钩织方法参照p.38的作品 **69**

叶子 906…6片
叶子的钩织方法参照p.38的作品 **68**

底座 906
底座的钩织方法参照p.64，钩织到第7圈即可。

茎 701…3条

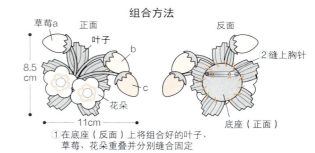

花用铁丝
编织起点 锁针（16针）起针
※绕着花用铁丝钩织短针（参照p.57茎B的钩织方法）。

花朵的配色表

圈数	色号
第5、6圈	3865
第4圈	445
第1～3圈	3823

草莓的配色表

	a	b	c
第11、12圈	(—)	701	
第1～10圈	(—)	893	602	3801

草莓的组合方法

※在茎的☆处缝上草莓

叶子的组合方法

※6片叶子分3片一组，两两相连缝合在底座上。

组合方法

① 在底座（反面）上将组合好的叶子、草莓、花朵重叠并分别缝合固定
② 缝上胸针

72

p.37
要点教程：p.56

准备物品

线：25号刺绣线/绿色系(701)、原白色(3865)…各2束，粉色系(600)…1.5束，黄色系(445)、(3823)…各1束，绿色系(470)…1束
其他：胸针/银色(9-11-1)…1个，填充棉…少许
针：蕾丝针0号

草莓 2个
草莓的钩织方法、组合方法参照p.38的作品 **68**

花朵 3朵
花朵的钩织方法参照p.38的作品 **69**

叶子 701…3片
叶子的钩织方法参照p.38的作品 **68**

底座 701
底座的钩织方法参照p.64，钩织到第5圈即可。

茎 470…a、b 各1条

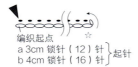

编织起点
a 3cm 锁针（12）针
b 4cm 锁针（16）针 起针

花朵的配色表

圈数	色号
第5、6圈	3865
第4圈	445
第1～3圈	3823

草莓的配色表

圈数	色号
第11、12圈	(—) 470
第1～10圈	(—) 600

组合方法

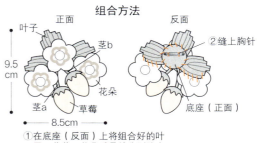

① 在底座（反面）上将组合好的叶子、草莓、花朵重叠并分别缝合固定
② 缝上胸针

非洲菊

制作方法：73/p.42　74~83/p.43
设计：藤田智子

盛开的长形花瓣的非洲菊给人充满
活力的感觉。
绚烂多彩的色彩组合将胸前装点得更加华丽。
让重叠的花瓣尽情地在色彩中徜徉也非常不错哟！

Gerbera

73

74

40

色彩变化

73

p.40
要点教程：p.56

准备物品
线：25号刺绣线/粉色系(600)、(602)、(3708)…各1.5束，绿色系(907)…1.5束，绿色系(3819)、黄色系(3823)…各0.5束
其他：胸针/银色(9-11-2)…1个
针：蕾丝针0号

底座 907
底座的钩织方法参照p.64，钩织到第7圈即可。

花蕊 3823…3个

※在钩织完非洲菊主体（右图）后，从第2圈剩下的前面半针挑针钩织花蕊（参照p.56）。

非洲菊
a、b、c…各1朵

※第6圈是用第4圈的休线（★）进行钩织的。

6.5cm

= 上面花瓣
= 下面花瓣
★ = 休线

钩织方法（参照p.56）
第3圈从第2圈的后面半针挑针钩织（短针的条纹针）。
第4圈钩织完成后，接线钩织第5圈。
第6圈将第5圈向前面压倒，用第4圈的休线钩织。
第5圈（—）钩织的是下面花瓣，第6圈（—）钩织的是上面花瓣。

非洲菊的配色表

	a	b	c
第3～6圈	3708	602	600
第1、2圈	3819		

叶子 907…1片

3cm
5.5cm
编织起点
锁针（11针）起针

茎 907…3条

编织起点
锁针（24针）起针
7cm

组合方法

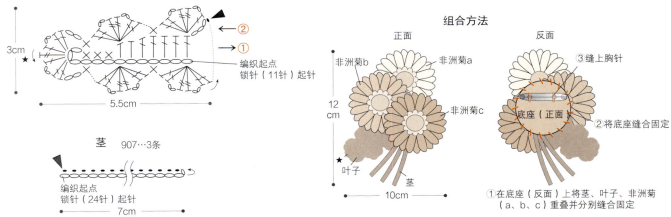

正面
非洲菊b
非洲菊a
非洲菊c
叶子
茎
12cm
10cm

反面
③缝上胸针
底座（正面）
②将底座缝合固定
①在底座（反面）上将茎、叶子、非洲菊（a、b、c）重叠并分别缝合固定

74

p.40
要点教程：p.56

准备物品
线：25号刺绣线/紫色系(209)、黄色系(746)、粉色系(893)、绿色系(907)…各2束，绿色系(165)、(3819)…各0.5束，紫色系(327)…各0.5束，黄色系(727)、(746)、橙色系(3824)…0.5束
其他：胸针/银色(9-11-1)…1个，填充棉…少许
针：蕾丝针0号

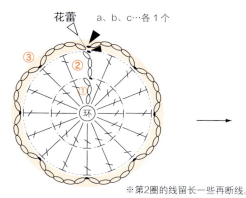

花蕾　a、b、c…各1个

花蕾的组合方法
①将茎插入花蕾（正面）的中心缝合固定
②将花蕾整理成圆形，用共线向中间收拢
③用第2圈剩余的线从第3圈剩下未挑针的长针针目上穿过后拉紧，缝合

※第2圈的线留长一些再断线。

花蕾的配色表

	a	b	c
第3圈（―）	746	893	209
第2圈（―）			
第1圈（―）	907		

非洲菊、花心的配色表

非洲菊		a	b	c
	第3~6圈	746	893	209
	第1、2圈	165	727	327
花芯		3824	3819	746

底座　907
底座的钩织方法参照p.64，钩织到第6圈即可。

非洲菊　a、b、c…各1朵
非洲菊的钩织方法与p.42中作品73的一样

花芯　a、b、c…各1个
花芯的钩织方法与p.42中作品73的一样

茎　907…3根
茎的钩织方法与p.42中作品73的一样

组合方法

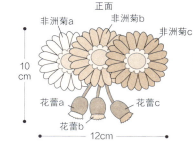
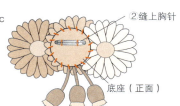

①在底座（反面）上将组合好的花蕾，非洲菊a、b、按的顺序重合并分别缝合固定
②缝上胸针

75~83

p.41
要点教程：p.56

准备物品
线：25号刺绣线
75　红色系(817)…2束，红色系(814)、粉色系(309)、绿色系(907)…各0.5束
76　橙色系(608)…2束，黄色系(727)、橙色系(3824)、绿色系(907)…各0.5束
77　红色系(600)…2束，绿色系(907)、(3819)…各0.5束，粉色系(893)…0.5束
78　粉色系(894)…2束，粉色系(891)…1束，粉色系(309)、黄色系(745)、绿色系(907)…各0.5束
79　黄色系(3078)…2束，黄色系(746)…1束，绿色系(470)、(907)、(3819)…各0.5束
80　橙色系(3340)…2束，橙色系(3824)…1束，粉色系(326)、(819)各0.5束，绿色系(907)…0.5束
81　黄色渐变(90)…2束，橙色系(3770)…0.5束，绿色系(907)、(3819)…各0.5束
82　紫色渐变(52)…2束，绿色系(772)、(907)、(955)…各0.5束
83　粉色渐变(48)…2束，黄色系(3823)…少许，绿色系(165)、(907)…各少许
其他：胸针/银色(9-11-1)…各1个
针：蕾丝针0号

底座
底座的钩织方法参照p.64，钩织到第5圈即可

非洲菊
非洲菊的钩织方法与p.42中作品73的一样

花蕊
花蕊的钩织方法与p.42中作品73的一样

茎　907
茎的钩织方法与p.42中作品73的一样

75~83 的配色表

		75	76	77	78	79	80	81	82	83
非洲菊	第6圈	817	608	600	891	746	3824	90	52	48
	第3~5圈				894	3078	3340			
	第1、2圈	814	727	3819	309	3819	326	3770	955	3823
花芯		309	3824	893	745	470	819	3819	772	165
底座		817	608	600	894	3078	3340	90	52	48

非洲菊的作品号

组合方法

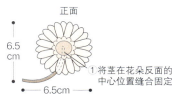
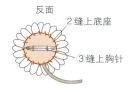

①将茎在花朵反面的中心位置缝合固定
②缝上底座
③缝上胸针

罂粟花

制作方法:84、85/p.46 86/p.59
设计:镰田惠美子

Poppy

可爱的罂粟花轻轻地盛开。
无论是一朵还是一簇都是那么地充满魅力。
最具特征的蓬松的花蕊也是亮点。

雏菊

制作方法： 87~89/p.47　设计：镰田惠美子

将颇为松软的雏菊一朵、两朵、三朵地各自组合。随着钩织花朵渐渐丰满起来，也能享受到钩织带来的快乐。

Daisy

84

p.44
要点教程：p.56

准备物品
线：25号刺绣线/粉色系(603)、绿色系(3347)…各1.5束，红色系(349)、绿色系(472)、黄色系(973)…各0.5束
其他：胸针/金色(9-11-6)…1个
针：蕾丝针0号

罂粟花 603

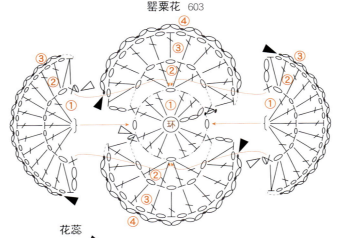

钩织方法
①环形起针，第1圈钩织长针和锁针
②从第2圈开始上下分开分别钩织花瓣到第4圈
③左右两边的花瓣则在指定位置由反面接线，从中心花瓣的锁针中挑针各钩织到第3行
④在罂粟花的中心将花蕊重叠并缝合固定，整理好形状后就完成了（参照p.56）

底座　3347
底座的钩织方法参照p.64，钩织到第6圈即可。

茎　3347…2条

编织起点
a 4.5cm锁针(15针) ┐起针…各1条
b 6cm锁针(20针) ┘

花蕊

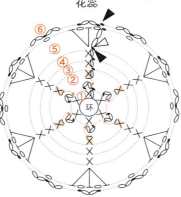

※第2圈中的×从反面第1圈的×（即2针锁针的狗牙拉针所留下来的后面半针）中挑针钩织

花蕊的配色表

圈数	色号
第5、6圈	973
第1〜4圈	472

花萼　3347…2个

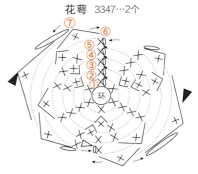

花蕾　a…349　b…603

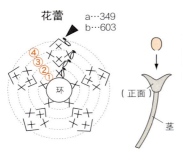

花蕾的组合方法
①将花蕾背面相对整理成圆形
②将花蕾放入花萼中心缝合
③将茎插入花萼中心缝合

※将花蕾a配茎a，花蕾b配茎b，分别缝合固定。

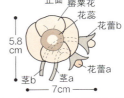

组合方法

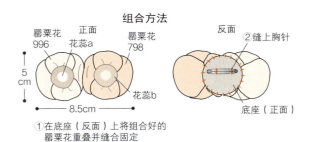

①在底座（反面）上将组合好的花蕾、罂粟花重叠并缝合固定

85

p.44
要点教程：p.56

准备物品
线：25号刺绣线/蓝色系(798)、(996)…各1.5束，绿色系(3347)…1束，黄色系(445)、(742)…各0.5束，绿色系(471)、原白色(3865)…各0.5束
其他：胸针/银色(9-11-6)…1个
针：蕾丝针0号

罂粟花　798、996…各1片
罂粟花的钩织方法、组合方法参照作品84

花蕊　a、b…各1个
花蕊的钩织方法与作品84的一样

底座　3347
底座的钩织方法参照p.64，钩织到第6圈即可。

花蕊的配色表

	a	b
第5、6圈	742	445
第1〜4圈	3865	471

组合方法

①在底座（反面）上将组合好的罂粟花重叠并缝合固定

87

p.45

准备物品

线：25号刺绣线／白色（BLANC）…1束，黄色系（726）、绿色系（988）…各0.5束
其他：胸针／银色（9-11-6）…1个
针：蕾丝针0号

叶子　988…2片

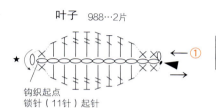

钩织起点
锁针（11针）起针

底座　BLANC
底座的钩织方法参照 p.64，钩织到第4圈即可。

雏菊

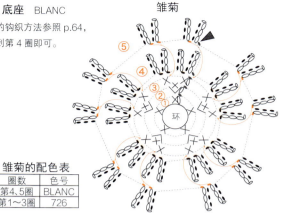

雏菊的配色表

圈数	色号
第4、5圈	BLANC
第1～3圈	726

※第4圈的（●）从织片前面半针挑针钩织。
第5圈的（●）从第3圈剩下的后面半针挑针钩织。

组合方法

正面

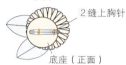

4cm ― 5.3cm

① 在底座（反面）上将叶子、雏菊重叠并分别缝合

反面

② 缝上胸针

底座（正面）

88

p.45

准备物品

线：25号刺绣线／绿色系（988）…3束，红色系（353）、粉色系（605）、白色（BLANC）…各1束，黄色系（445）、（726）、（743）…各0.5束
其他：胸针／金色（9-11-8）…1个
针：蕾丝针0号

茎　988

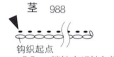

钩织起点
a 5.5cm 锁针（15针）起针…1条
b 7cm 锁针（20针）起针
c 8cm 锁针（25针）起针…各2条

雏菊的组合方法

3.5cm

※将茎插入雏菊中心缝合。
※将雏菊a配茎c，雏菊b、c配茎b，分别缝合固定。

叶子　988…4片
叶子的钩织方法与作品 87 的一样

底座　988
底座的钩织方法参照p.64，钩织到第8圈即可。

雏菊　a、b、c…各1朵
雏菊的钩织方法与作品 87 的一样

雏菊的配色表

	a	b	c
第4、5圈	BLANC	605	353
第1～3圈	726	445	743

花蕾　a、b…各1朵

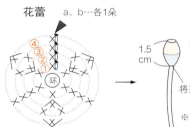

花蕾的配色表

	a	b
第3、4圈	605	353
第1、2圈	988	

花蕾的组合方法

1.5cm

※用剩余的线等稍微填充一下让花蕾鼓起来。
将茎插入花蕾中心并缝合
※花蕾a配茎c，花蕾b配茎a缝合固定。

组合方法

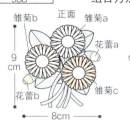

9cm ― 8cm

雏菊b　正面　雏菊a
　　　　　　花蕾a
花蕾b　　　雏菊c

反面
② 缝上胸针
底座（正面）

① 在底座（反面）上将叶子、组合好的雏菊与花蕾重叠并分别缝合固定

89

p.45

准备物品

线：25号刺绣线／绿色系（988）…1.5束，粉色系（601）…1束，黄色系（445）、（726）…各0.5束，段染线／粉色系渐变系（4180）…1束
其他：胸针／金色（9-11-6）…1个
针：蕾丝针0号

雏菊的配色表

	a	b
第4、5圈	601	4180
第1～3圈	445	726

花蕾的配色表

圈数	色号
第3、4圈	601
第1、2圈	988

雏菊　a、b…各1朵
雏菊的钩织方法与作品 87 的一样

叶子　988…3片
叶子的钩织方法与作品 87 的一样

底座　988
底座的钩织方法参照p.64，钩织到第6圈即可。

花蕾的钩织方法与作品88的一样

组合方法

正面

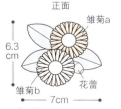

6.3cm ― 7cm

雏菊a
雏菊b　花蕾

反面

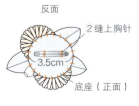

② 缝上胸针
3.5cm
底座（正面）

① 在底座（反面）上将叶子、花蕾、雏菊重叠并分别缝合固定

小花

制作方法：90、91/p.50 92~100/p.51
设计：河合真弓

用数朵小花可以搭配出小小的一束花。
可以用两种不同的小花搭配出不同的饰品。
无论是同色系搭配，还是撞色系搭配，都可以尝试一下。

Floret

90

91

色彩变化

92　　　93　　　94

95　　　96　　　97

98　　　99　　　100

90
p.48

准备物品
线：25号刺绣线/绿色系(469)…1.5束，黄色系(973)…0.5束，紫色系(211)…少许，粉色系(603)、(963)、(3706)…各少许，黄色系(727)…少许，蓝色系(827)…少许
其他：胸针/金色(9-11-1)…1个，填充棉…少许
针：钩针2/0号

小花
a、b、c、d、e、f…各1朵

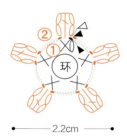

— 2.2cm —

底座 469…1个

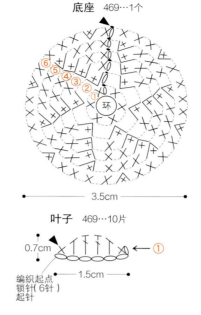

— 3.5cm —

叶子 469…10片

0.7cm
← ①
编织起点
锁针(6针)
起针
— 1.5cm —

小花的配色表

	a	b	c	d	e	f
	603	963	211	827	727	3706
	973					

组合方法

正面

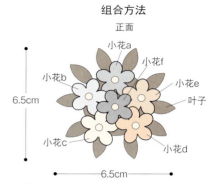

6.5cm × 6.5cm

小花a、小花b、小花c、小花d、小花e、小花f、叶子

① 在小花a~e的反面将每朵花配2片叶子分别缝合固定
② 参照图片将小花组合在一起
③ 将底座与步骤②中组合好的小花背面相对缝合，并在中间塞入填充棉

反面

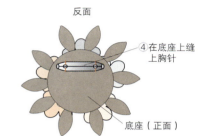

④ 在底座上缝上胸针
底座(正面)

91
p.48

准备物品
线：25号刺绣线/绿色系(469)…1束，茶色系(434)…少许；段染线/粉色渐变系(4190)…1束
其他：胸针/金色(9-11-1)…1个
针：钩针2/0号

底座 469…1个

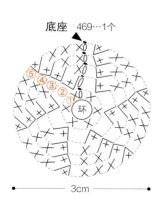

— 3cm —

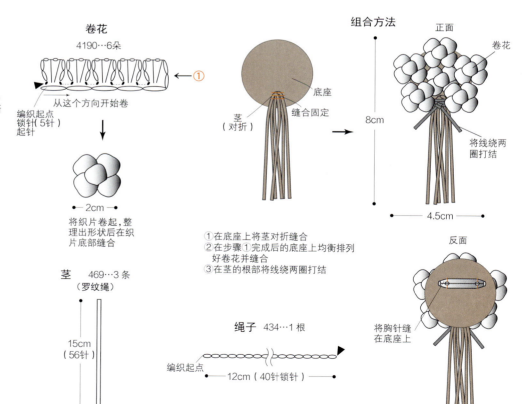

卷花 4190…6朵

从这个方向开始卷
编织起点
锁针(5针)
起针

将织片卷起，整理出形状后在织片底部缝合
— 2cm —

茎 469…3条
（罗纹绳）
15cm
(56针)

※罗纹绳的钩织方法参照p.64。

绳子 434…1根
编织起点
— 12cm (40针锁针) —

组合方法
正面
卷花
底座
茎(对折)
缝合固定
8cm × 4.5cm
将线绕两圈打结

① 在底座上将茎对折缝合
② 在步骤①完成后的底座上均衡排列好卷花并缝合
③ 在茎的根部将线绕两圈打结

反面
将胸针缝在底座上

92~100
p.49

准备物品

线：25号刺绣线

92 黄色系(972)…1束,绿色系(935)…0.5束,黄色系(725)、(726)、(727)…各少许,茶色系(434)…少许

93 茶色系(738)…1束,绿色系(471)…0.5束,原白色(3865)…少许,茶色线(712)、(739)…各少许,黄色系(973)…少许

94 茶色系(434)…1束,绿色系(935)…0.5束,茶色系(435)、(437)、(738)…各少许,黄色系(972)…少许

95 蓝色系(824)…1束,绿色系(470)…0.5束,蓝色系(813)、(825)、(827)…各少许,黄色系(444)…少许

96 蓝色系(3808)…1束,绿色系(470)…0.5束,蓝色系(597)、(598)、(3809)…各少许,黄色系(725)…少许

97 紫色系(333)…1束,绿色系(471)…0.5束,紫色系(210)、(211)…各少许,蓝色系(340)、黄色系(726)…各少许

98 橙色系(900)…1束,绿色系(469)…0.5束,橙色系(741)、(947)、(970)…各少许,黄色系(972)…少许

99 红色系(600)…1束,绿色系(936)…0.5束,粉色系(602)、(603)、(963)…各少许,黄色系(726)…少许

100 红色系(304)…1束,绿色系(934)…0.5束,红色系(321)、(3801)…各少许,粉色系(3706)、黄色系(725)…各少许

其他：胸针/金色(9-11-6)…1个

针：钩针2/0号

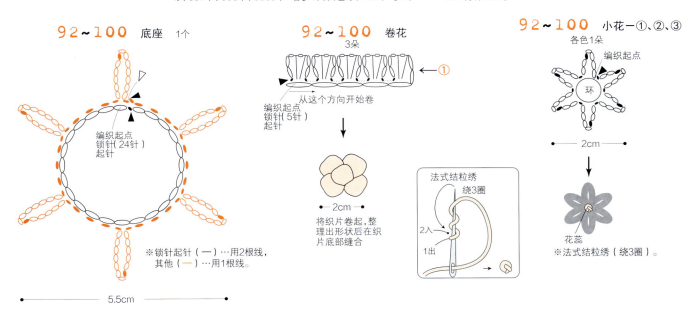

92~100 的配色表

	92	93	94	95	96	97	98	99	100
花蕊(刺绣)	434	973	972	444	725	726	972	726	725
小花一③	725	739	435	825	3809	340	947	602	321
小花一②	726	712	437	813	597	210	970	603	3801
小花一①	727	3865	738	827	598	211	741	963	3706
卷花	972	738	434	824	3808	333	900	600	304
底座	935	471	935	470	470	471	469	936	934

小花的作品号

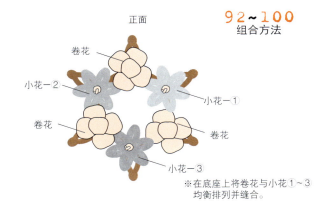

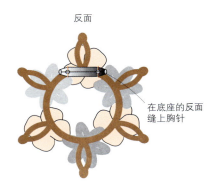

~ 刺绣线介绍 ~

下面介绍本书中所使用的DMC刺绣线的色卡。
请在你的作品中尽情使用色彩丰富亮丽的段染线。

25号刺绣线
100％棉　1桄/8m　465色

段染线
100％棉　1桄/8m　60色

※ 图为实物大小。

○ 25号刺绣线色卡

○ 段染线色卡

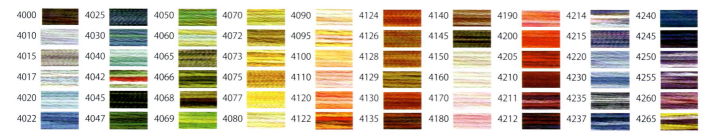

* 各种线的说明文字依次为材质→线长→色数。
* 色数标准为2014年4月发行的。
* 因为印刷的原因，颜色多少会有些差异。

1~11

p.6、7
要点教程：p.4

准备物品

线：25号刺绣线

1　绿色系(166)… 1.5束，紫色系(211)、红色系(353)、绿色系(472)、粉色系(818)…各1束，黄色系(445)… 0.5束，黄色系(973)、紫色系(3802)、粉色系(3803)…各少许

2　绿色系(895)… 1.5束，紫色系(154)、绿色系(471)、黄色系(743)…各0.5束，蓝色系(823)、(939)…各0.5束，原白色(3865)…0.5束

3　紫色系(154)、粉色系(3803)、原白色(3865)…各0.5束，黄色系(743)…少许

4　粉色系(962)、(3713)、(3803)…各0.5束，黄色系(445)…少许

5　紫色系(552)… 1束，紫色系(155)… 0.5束，黄色系(743)…少许

6　黄色系(445)、(743)…各0.5束，紫色系(550)… 0.5束，黄色系(972)…少许

7　紫色系(154)、蓝色系(311)、黄色系(445)…各0.5束，黄色系(307)、蓝色系(939)…各少许

8　红色系(352)、黄色系(445)、粉色系(963)…各0.5束，黄色系(973)…少许

9　紫色系(3836)…1束，黄色系(445)、(973)…各少许

10　黄色系(743)… 1束，蓝色系(939)… 0.5束，黄色系(445)…少许

11　红色系(814)… 1束，蓝色系(939)… 0.5束，黄色系(973)…少许

其他：胸针
1、2　暗灰色(9-11-2)…各1个
3~11　暗灰色(a-517)…各1个
针：蕾丝针0号

5、9 三色堇的刺绣位置

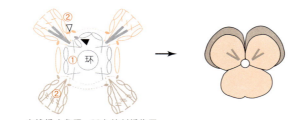

——— 直线绣（参照p.63）的刺绣位置

7 三色堇的刺绣位置

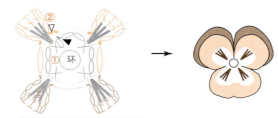

——— 直线绣（参照p.63）刺绣位置

1~11 三色堇

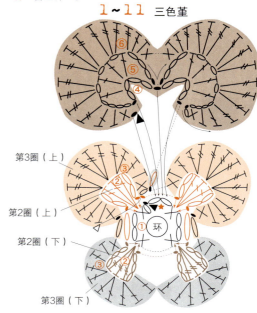

※ ⬭ ＝只需钩织作品1的a、b、c和作品9、10，其他三色堇则不用钩织。

4.3cm × 4.3cm

1 三色堇的配色表　a、b、c…各1朵

	a	b	c
第4~6圈			
第3圈（下）	818	211	353
第3圈（上）			
第2圈（下）	3803	445	3802
第2圈（上）	818	211	353
第1圈	445	973	973

2 三色堇的配色表　d、e…各1朵

	d	e
第4~6圈	823	154
第3圈（下）	3865	743
第3圈（上）		
第2圈（下）	939	939
第2圈（上）		
第1圈	743	743

3~11 三色堇的配色表

三色堇的作品号：3 4 5 / 6 7 8 / 9 10 11

	3	4	5	6	7	8	9	10	11
刺绣			155		939		445		
第4~6圈	3803	3713		550	154	963			
第3圈（下）	3865	962	552	743	311	445	3836	743	814
第3圈（上）				445					
第2圈（下）	154	3803		743	445	352	445	939	939
第2圈（上）				445			3836		
第1圈	743	445	743	972	307	973	973	445	973

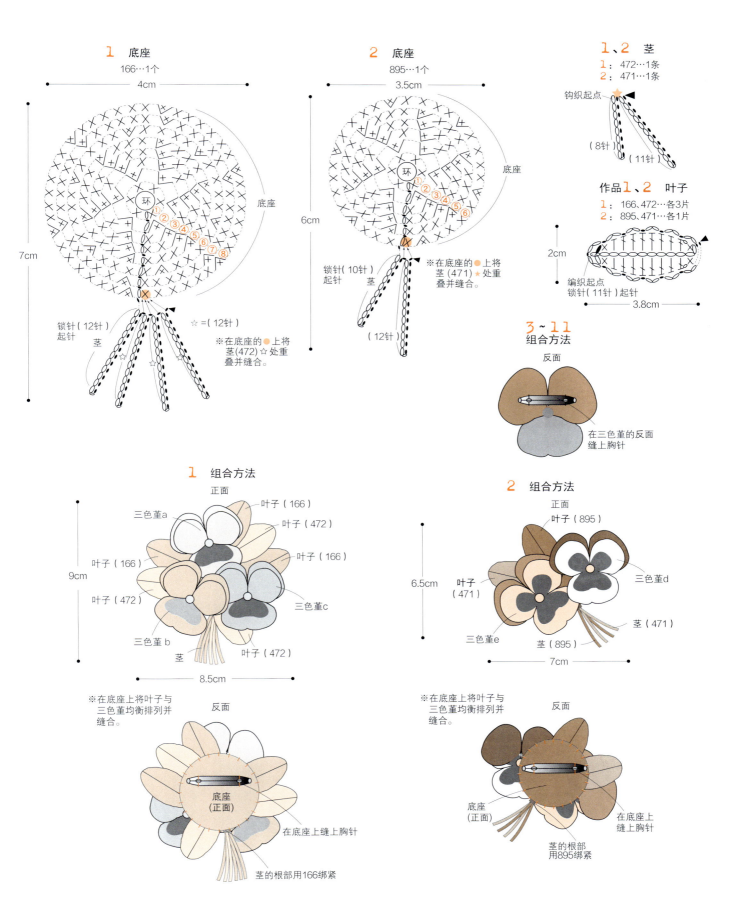

要 点 教 程

作品 46　p.24　　大波斯菊花瓣的配色线的更换方法

1　在花瓣配色线换线前，在钩织长针的最后引拔时，将原来的线往下挂针，再将配色线挂在钩针上如箭头所示引拔。

2　参照符号图继续钩织3针。如箭头所示按照①、②的顺序带线引拔（钩织长针）。

3　接下来从花蕊第2圈短针剩下的前面半针挑针插入，将原来的线也挂在钩针上一起引拔出。

4　1片花瓣完成后，再换成原来的线钩织。

5　第2片花瓣参照步骤1～4的要领钩织。

6　2片花瓣完成（图示为钩织引拔针的内侧）。

作品 68、69、71、72　p.36、37　　草莓的组合方法

1　从钩织第11圈开始塞入填充棉。钩织完最后一圈后断线，如图所示翻到反面，将第11圈剩下的半针全部挑起，穿线。

2　将线头拉紧。

※ 用作品78～80进行解说。
※ 花朵颜色无论是采用单色、上下不同颜色，还是段染线都是以相同要领钩织。

作品 73～83　p.40、41　　非洲菊的钩织方法

1　钩织到第4圈后不用断线，将线放一边（在钩织上面花瓣时要使用到）。空1针开始钩织下面的花瓣。

2　钩织下面的12片花瓣。

3　用第4圈的休线在花瓣与花瓣之间的1针中（第4圈的短针）边挑针边开始钩织上面的花瓣，钩织要领与步骤1、2相同，空1针钩织。

4　上面的12片花瓣钩织完成。

作品 84～86　p.44　　罂粟花的组合方法

5　从花蕊的第2圈剩下的半针中挑针，在花蕊上重复钩1针短针、3针锁针。

6　非洲菊完成。无论哪种配色都按照相同方法钩织。

1　罂粟花钩织完成。

2　花瓣部分用手指微调，做出动态之美，完成。

基 础 教 程

在铁丝上钩织短针的方法
○ 茎 A（直接绕着铁丝钩织短针时）

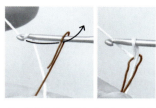   

1 将铁丝的一端弯成一个环，将钩针插入环中如箭头所示将线拉出。右图显示为线拉出时的样子。

2 钩织1针锁针作为立针，用钳子等将铁丝环的根部拧紧，将钩织起点的线头放在铁丝上。

3 如步骤2中箭头所示绕着铁丝钩织短针。图中为钩织1针短针时的样子。

4 钩了数针短针的样子。

○ 茎 B（钩织好起针用的锁针后再绕着铁丝钩织短针时）

1 钩织好起针用的锁针后，将铁丝的一端拧成一个环，将钩针插入环中如箭头所示将线拉出（钩织1针锁针作为立针）。右图所示为线拉出时的样子（在铁丝上拉线）。

2 用钳子等将铁丝环的根部拧紧，将钩针从锁针的里山中插入，绕着铁丝钩织短针。下图所示为钩织1针短针的样子。

3 钩织1针短针后，用钳子将铁丝环夹扁并固定。

4 与步骤2要领相同，边绕着铁丝边从锁针的里山中挑线钩织短针。图为钩织5针短针时的样子。

○ 花环

1 将铁丝按照指定的直径弯成环，铁丝两端拧紧剪断。

2 用起针方法（参照p.61）起1针并稍微把这针拉长，松开钩针。将钩针从铁丝环的内侧穿过，插入事先松开的那针中将线向内侧拉出。

3 在钩针上挂线并引拔出。

4 这1针锁针为立针。接下来按照箭头所示从铁丝环中插入，将铁丝和线头一起挂线并拉出。

  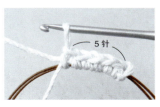

5 再一次挂线，从2个线圈中一起引拔出。

6 图为钩织1针短针的样子。

7 图为钩织5针后的样子。钩织指定的针数，和第1针引拔成环形。

21

p.13
要点教程：p.5

准备物品

线：25号刺绣线/绿色系(772)…1.5束，蓝色系(3838)、绿色系(469)…各1束；段染线/蓝色渐变系(4020)、(4220)…各0.5束

其他：胸针/银色(9-11-2)…1个

针：蕾丝针0号

花蕊

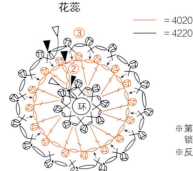

※第3圈的X如箭头所示从第2圈的锁针整段挑针钩织。
※反面作为正面使用。

10朵花
※与p.15中作品20的钩织方法一样。用下面的配色线钩织。
第5圈…3838
第1～4圈…772

叶子（大） 469…2片
同p.14中作品18的钩织方法

底座 772

※底座的钩织方法参照p.64，钩织到第5圈即可。

组合方法

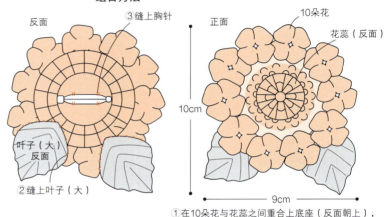

22

p.13
要点教程：p.5

准备物品

线：25号刺绣线/绿色系(472)…1.5束，紫色系(316)…1束，紫色系(153)、绿色系(469)…各0.5束；段染线/蓝色渐变系(4220)…0.5束

其他：胸针/银色(9-11-2)…1个

针：蕾丝针0号

10朵花
※与p.15中作品20的钩织方法一样。用下面的配色线钩织。
第5圈…316
第1～4圈…472

叶子（小） 4片｛472…3片 469…1片｝
※与p.15中作品19的钩织方法一样。

花蕊
※与作品21的钩织方法一样。用下面的配色线钩织。
　　 = 4220
　　 = 153

底座 472

※底座的钩织方法参照p.64，钩织到第5圈即可。

组合方法

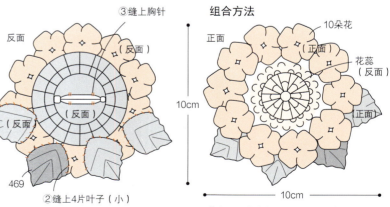

58

86

p.44
要点教程：p.56

准备物品
线：25号刺绣线/绿色系(3347)…2.5束，橙色系(722)、原白色(3865)…各1.5束，黄色系(726)…1束，绿色系(471)…0.5束；段染线/粉色渐变系(4190)…1.5束，黄色系渐变(4080)…0.5束
其他：胸针/金色(9-11-8)…1个
针：蕾丝针0号

配色表

		a	b	c
花蕊	第5、6圈		4080	726
	第1~4圈	726	726	471
罂粟花		3865	4190	722
花蕾				
花萼		3347		

罂粟花、花蕊、花萼、花蕾　各3片
钩织方法、组合方法参照 p.46 中的作品 **84**

底座　3347
底座的钩织方法参照 p.64，钩织到第7圈即可。

罂粟花的组合方法
将茎插入罂粟花的内部中心缝合

※罂粟花与茎，各自a、b、c配对并分别缝合。

茎　3347

编织起点
a 4.5cm 锁针(15针)
b 6cm 锁针(20针)　起针…各2条
c 7.5cm 锁针(25针)

※花蕾a配茎c，花蕾b配茎b，花蕾c配茎a，分别缝合固定。

组合方法

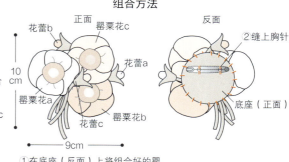

①在底座（反面）上将组合好的罂粟花、花蕾重叠并缝合固定

14

p.8

准备物品
线：25号刺绣线/红色系(600)…1束，橙色系(721)、(900)…各1束，绿色系(989)…1束
其他：胸针/暗灰色(9-11-2)…1个，花用铁丝(26号)…30cm
针：蕾丝针0号

叶子　989　…1片

茎　989　{ a…2条 / b…1条 }

叶子、茎的钩织方法，郁金香的组合方法参照 p.10 中的作品 **13**

郁金香(600)、(721)配茎a，
郁金香(900)配茎b，缝合固定

组合方法

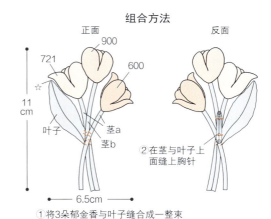

①将3朵郁金香与叶子缝合成一整束

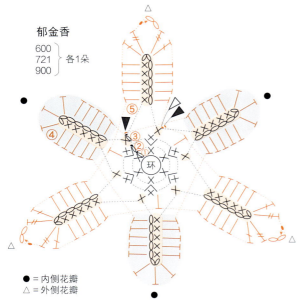

郁金香
600
721　各1朵
900

● = 内侧花瓣
△ = 外侧花瓣

钩织方法（参照p.4）
第1圈…环形起针，钩织6针短针。
第2圈…在第1圈的1针短针内钩2针短针。
第3圈(—)…将第2圈短针间隔1针挑针，重复钩织6次"1针短针、7针锁针、5针短针"。
第4圈(—)…接着第3圈开始钩织内侧花瓣(●)，重复钩织3次"13针中长针"。
第5圈(—)…接线，开始钩织外侧花瓣(△)，重复钩织3次"5针中长针、1针长针、1针长长针、2针锁针、1针引拔针、1针长长针、1针长针、6针中长针"。

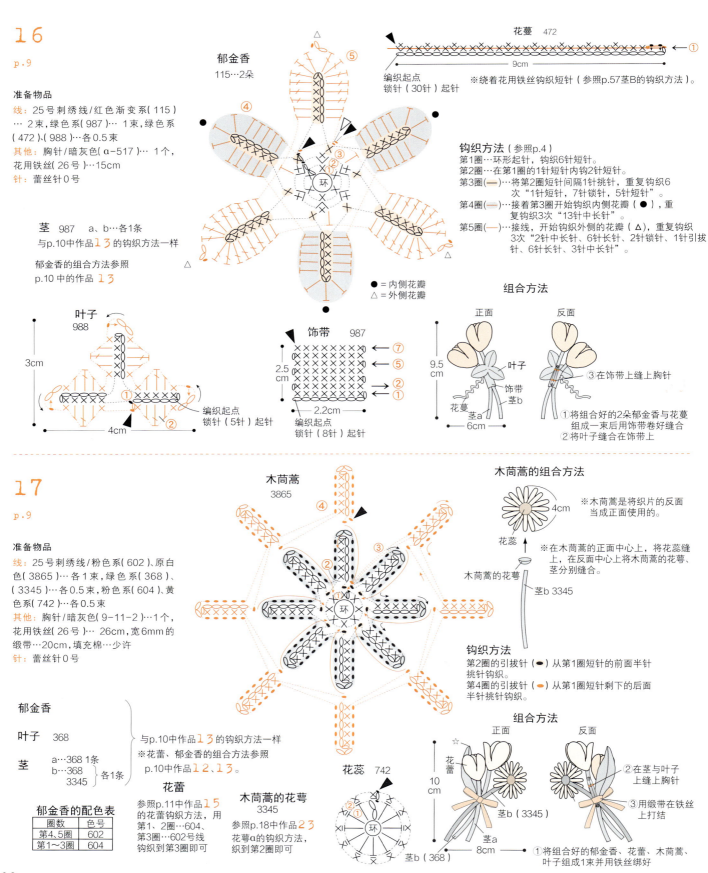

钩针编织的基础

○ 符号图的看法

符号图均以正面所看到的标记和日本工业规格（JIS）为标准。钩针钩织中不分上、下针（拉针除外），即使是交替对着正、反面进行钩织的平针，符号标记也是一样。

从中心钩织成环

中心制作圆环（或锁针），像画圆似的逐圈钩织。在每圈的起针处都钩织立针。通常都是面对织片的正面，从右到左钩织。

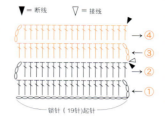

平针编织时

其特点就是左右均有立织针目。通常右侧立织针目时，对着织片的正面，从右到左参照符号图钩织。左侧立织针目时，对着织片的反面，从左至右参照符号图钩织。图中所示的是在第3行更换了配色线的符号图。

○ 锁针的看法

锁针分为正、反两面。反面中央的1根线称为锁针的"里山"。

○ 线与针的拿法

1 线从左手的小指与无名指之间拉出至正面，挂在食指上，线头在前面。

2 用拇指与中指捏住线头，立起食指撑起线。

3 用右手拇指与食指握着针，中指轻放在针头处。

○ 起针方法

1 如箭头所示，钩针从线的后面进入，并转动钩针。

2 在钩针上挂线。

3 穿入线圈内，将线拉至前面。

4 拉出线头，收紧线圈，最初的起针完成（这一针不计入针数）。

○ 环形起针

从中心钩织成环（用线头做中心环）

1 在左手的食指上缠绕2圈线，制作线环。

2 将手指从线环中抽出，钩针插入其中，挂线后将线拉至前面。

3 钩针再次挂线并拉出，立织1针锁针。

4 第1圈将钩针插入线环中，钩织所需针目的短针。

5 暂时将针松开，拉出最初线环的线与线头，拉紧线圈。

6 钩至第1圈的终点处，钩针插入最初短针的头部，挂线后引拔。

从中心钩织成环（锁针环形起针）

1 钩织所需针目的锁针，将钩针插入最初锁针的半针中并引拔。

2 钩针挂线后拉出，钩织立织的锁针。

3 钩织第1圈时，将钩针插入圆环中，整段挑起锁针，钩织所需针目的短针。

4 在第1圈的终点处，将钩针插入最初短针的头部，挂线后引拔钩织。

平针编织时

1 钩织所需针目的锁针和立织的锁针，在靠近钩针端的第2针锁针处插入钩针，挂线后拉出。

2 钩针挂线，如箭头所示将线引拔出。

3 第1行钩织完成（立织的1针锁针不算作1针）。

○ 前一行针目的挑起方法

即使是相同的枣形针，符号图不同，挑针方法也不一样。符号图下方闭合时，表示在前一行的一针中入针钩织，符号图下方打开时，表示整段挑起前一行的锁针钩织。

1 **2**
从1针中入针

1 **2**
整段挑起
锁针钩织

○ 针法符号

 锁针

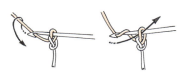

1 钩织起针的针目，在钩针上挂线。
2 将线拉出，完成锁针。
3 用相同方法，重复步骤1、2，继续钩织。
4 完成5针锁针。

 引拔针

1 将钩针插入前一行的针目中。
2 在钩针上挂线。
3 将线一次引拔出。
4 完成1针引拔针。

× 短针

1 将钩针插入前一行的针目中。
2 在钩针上挂线，如箭头所示将线拉至前面。
3 再次在钩针上挂线，从2个线圈中引拔出。
4 完成1针短针。

T 中长针

1 在钩针上挂线，再将钩针插入前一行的针目并挑起。
2 再次在钩针上挂线，并拉至前面。
3 在钩针上挂线，从3个线圈中引拔出。
4 完成1针中长针。

⊤ 长针

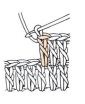

1 在钩针上挂线，将钩针插入前一行的针目中，再次在钩针上挂线并将线拉至前面。
2 如箭头所示，钩针挂线，从2个线圈中引拔出（此状态为未完成的长针）。
3 再次在钩针上挂线，从剩余的2个线圈中引拔出。
4 完成1针长针。

长长针

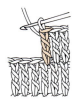

1 在钩针上挂2圈线后，将钩针插入前一行的针目中，再次在钩针上挂线并将线拉至前面。
2 如箭头所示，钩针挂线，从2个线圈中引拔出。
3 同步骤**2**的方法，重复2次。
4 完成1针长长针。

2针短针并1针

1
如箭头所示,将钩针插入前一行的针目中,挂线后将线拉出。

2
下个针目都以同样方法挂线后将线拉出。

3
在钩针上挂线,如箭头所示,从3个线圈中引拔出。

4
完成2针短针并1针,比前一行减少1针。

 1针放2针短针

1
钩织1针短针。

2
在同一针目中,再次插入钩针,挂线后拉至前面。

3
在钩针上挂线,如箭头所示将钩针一起引拔出。

4
完成1针放2针短针,比前一行增加1针。

 1针放3针短针

1
钩织1针短针。

2
在同一针目中,再钩织1针短针。

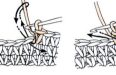
3
在1针中钩入了2针短针的样子。再次在相同针目中钩织1针短针。

4
完成1针放3针短针,比前一行增加2针。

 3针锁针的狗牙拉针

1
钩织3针锁针。

2
在短针头部的半针与根部1根线中插入钩针。

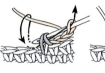
3
在钩针上挂线,如箭头所示将线一起引拔出。

4
完成3针锁针的狗牙拉针。

 短针的棱针　※每一行织片的方向改变时,钩短针的棱针。

1
如箭头所示将钩针插入前一行针目的后面半针。

2
钩织短针,下一针也同样是将钩针插入前一行针目的后面半针。

3
钩织至另一端,变换织片方向。

4
同步骤1、2,将钩针插入前一行针目的后面半针中,钩织短针。

 短针的条纹针　※每一行织片的同一方向钩织时,钩短针的条纹针。

1
看着每行的正面钩织。扭转织短针,在最初的针目中引拔出。

2
立织1针锁针,挑起前一行针目的后面半针,钩织短针。

3
重复步骤**2**的要领,继续钩织短针。

4
前一行剩下的前面半针呈现条纹状。图为正在钩织第3行短针的条纹针。

 1针放2针长针

1
在钩织1针长针的同一针目中,再钩织1针长针。

2
在钩针上挂线,从2个线圈中引拔出。

3
再次在钩针上挂线,从剩余的2个线圈中引拔出。

4
1个针目中钩织了2针长针(比前一行增加1针)

○ 刺绣基础

直线绣　　　　　　　　法式结粒绣

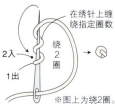

※图上为绕2圈。

○ 罗纹绳的钩织方法

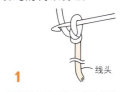

1

预留罗纹绳3倍长度的线头，先用起针方法钩织（参照p.61）。

2

将线端从前面向后面挂在钩针上，另一侧的编织线也挂在钩针上，一起引拔出。

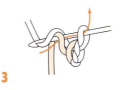

3

按照步骤 **2** 的方法重复钩织，钩织到所需数量的针目。

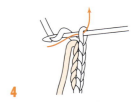

4

钩织结束时，不再钩织线端，只将钩织的那根线用钩针拉出。

○ 底座　通用钩织图

钩织到指定圈数

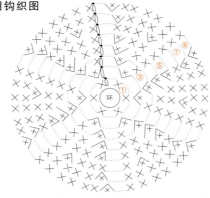

Hajimete No Kagibariami Sisyuu Ito De Amu Irotoridori No Hana No Kosaajyu l00
© APPLE MINTS 2014
Originally published in Japan in 2014 by E&G CREATES., TOKYO.
Chinese (Simplified Character only) translation rights arranged through
TOHAN CORPORATION, TOKYO.
版权所有，翻印必究
备案号：豫著许可备字-2015-A-00000009

图书在版编目（CIP）数据

用刺绣线钩织花朵胸针100款/日本E&G创意编著；廖建南译. —郑州：河南科学技术出版社，2020.11

ISBN 978-7-5725-0170-8

Ⅰ.①用… Ⅱ.①日… ②廖… Ⅲ.①钩针—编织—图集 Ⅳ.①TS935.521-64

中国版本图书馆CIP数据核字（2020）第186451号

出版发行：河南科学技术出版社
　　　　　地址：郑州市郑东新区祥盛街27号　　邮编：450016
　　　　　电话：（0371）65737028　　65788613
　　　　　网址：www.hnstp.cn

策划编辑：刘　欣
责任编辑：刘　瑞
责任校对：王晓红
封面设计：张　伟
责任印制：张艳芳

印　　刷：北京盛通印刷股份有限公司
经　　销：全国新华书店
开　　本：889 mm×1194 mm　1/16　　印张：4　　字数：100千字
版　　次：2020年11月第1版　　2020年11月第1次印刷
定　　价：39.00元

如发现印、装质量问题，影响阅读，请与出版社联系并调换。